FORSCHUNGSBERICHTE DES LANDES NORDRHEIN-WESTFALEN

Nr. 2180

Herausgegeben im Auftrage des Ministerpräsidenten Heinz Kühn
vom Minister für Wissenschaft und Forschung Johannes Rau

Martin Alexander

*Deutsche Forschungsgesellschaft für Druck- und Reproduktionstechnik e. V.
(FOGRA), München*

Untersuchung über die Benetzbarkeit von Kunststoff-Folien durch Druckfarbe

SPRINGER FACHMEDIEN WIESBADEN GMBH 1971

ISBN 978-3-531-02180-5 ISBN 978-3-663-19785-0 (eBook)
DOI 10.1007/978-3-663-19785-0

Ursprünglich erschienen bei Westdeutscher Verlag GmbH, Opladen 1971

Gesamtherstellung: Westdeutscher Verlag

Inhalt

1. Vorwort

Beim Bedrucken von Kunststoff-Folien treten Schwierigkeiten auf, die häufig zu beträchtlicher Qualitätsminderung, gelegentlich auch zu einer Unbrauchbarkeit des Druckerzeugnisses, führen. Nur in besonders übersichtlichen Fällen können die Ursachen der Störungen erkannt werden; häufig bleiben die wahren Ursachen unbekannt. Aus diesem Grunde sind sowohl der Drucker als auch seine Zulieferer (Folienhersteller, Druckfarbenfabriken u. a.) oft nur auf empirische Abhilfe angewiesen.
Zu einem Zeitpunkt, wo dem Druck auf Kunststoff gegenüber dem Druck auf Papier zunehmende Bedeutung zukommt, wo häufig sogar Papier selbst vor dem Bedrucken mit Kunststoff beschichtet wird, sollte dieses Unwissen beseitigt werden. Betroffen wird hiervor insbesondere die Qualität von Verpackungen, der im heutigen Wirtschaftssystem eine große Bedeutung zukommt.
Im Mittelpunkt der vorliegenden Forschungsarbeit standen Störungen der Bedruckbarkeit von Folien, insbesondere Störungen bei der Farbübertragung.
Noch in der Planung der Arbeit war man, entsprechend dem bisherigen Stand des Wissens, davon ausgegangen, daß Störungen der Bedruckbarkeit durch ungleichartige chemische Zusammensetzung der Folienoberfläche – hervorgerufen z. B. durch unübersichtliches Auswandern beigemischter Weichmacher – ausgelöst würden.
Im Verlauf unserer Untersuchungen stießen wir jedoch auf die neue Erkenntnis, daß vor allem eine elektrostatische Aufladung des Bedruckstoffs, selbst bei hochviskosen Druckfarben (Buch- und Offsetdruck) die Farbübertragung beeinflussen kann. Dementsprechend wurde in Abweichung vom ursprünglich geplanten Lösungsweg insbesondere die Erkennung, Auswirkung und Vermeidung elektrostatischer Aufladung in Zusammenhang mit der Farbübertragung untersucht.
Ein anderer Teil der Untersuchung galt der Aufgabe, eine – besonders für die typischen Unregelmäßigkeiten in der Benetzbarkeit von Folienoberflächen – geeignete Benetzungsmeßeinrichtung zu entwickeln, die es gestattet, eine Aussage über ganze Bereiche einer Folienoberfläche zu machen.

2. Einführung

Beim Bedrucken von Kunststoff-Folien tritt eine Reihe von Schwierigkeiten auf, die eng mit den physikalischen und chemischen Eigenschaften der Oberfläche des Bedruckstoffes zusammenhängen. Eine der Grundbedingungen für gute Bedruckbarkeit eines Materials ist eine gute Farbübertragung. Dazu aber ist eine gute Benetzbarkeit durch die Druckfarbe Voraussetzung[1]. *Die Adhäsion gegenüber dem Bedruckstoff muß die Kohäsion der Druckfarbe überwinden.* Wenn dies nicht oder nur unvollkommen gelingt, kommt keine oder nur eine schlechte Farbübertragung zustande. Durch Messung des »Randwinkels« θ, jenes Winkels, den die flüssige Phase mit der Folienoberfläche bildet, läßt sich ein Wert gewinnen, der (für den Fall des Gleichgewichts) in engem Zusammenhang

[1] J. Albrecht und M. Alexander, FOGRA-Mitt. **51**, 7 (1966).

mit dem Benetzungsverhalten der Oberfläche gegenüber der Flüssigkeit steht (YOUNG-DUPRÉ):

$$W_A = \sigma_L \cdot (1 + \cos\theta)$$

wobei W_A = Adhäsionsarbeit, σ_L = Oberflächenspannung der Flüssigkeit und θ = Randwinkel der Flüssigkeit an der Unterlage.

Berücksichtigt man ferner, daß die Kohäsionsarbeit

$$W_k = 2\,\sigma_L$$

ist (W_k = Kohäsionsarbeit), dann wird offenbar, wie direkt der Randwinkel θ die Kräftebeziehung bei der Farbübertragung widerspiegelt.

3. Vorversuche zur Benetzung von Kunststoff-Folien

3.1 Randwinkelmessung an Tropfen

Für die ersten Versuche war es sinnvoll, an Stelle von inhomogenen Druckfarben mit homogenen Modellflüssigkeiten zu arbeiten, die vergleichbare Eigenschaften aufweisen. Auf diese Art läßt sich eine Anzahl von störenden Nebeneinflüssen vermeiden. Für die Vorversuche verwendeten wir daher Paraffinöl (Paraffinum subliquidum, DAB 7). Tropfen dieser Testflüssigkeit wurden mit Hilfe einer Pipette auf Folien aufgebracht und die sich ausbildenden Randwinkel von der Seite beobachtet (FOGRA-Randwinkelprojektor).
In den meisten Fällen ergaben sich für Folienoberflächen starke Streuungen der Meßwerte. An einer Polystyrolfolie wurden beispielsweise Randwinkelwerte zwischen etwa 10 und 55° beobachtet. Offensichtlich war dabei die Benetzbarkeit der Folien vom Meßort abhängig.

3.2 Verhalten von Flüssigkeitsstreifen

Um eine annähernd »zweidimensionale« Aussage über die Benetzbarkeit von Oberflächen zu gewinnen, wurde Paraffinöl als Streifen über einen Abschnitt der Folie verteilt. Um keine weiteren eventuell störenden Oberflächen dabei in Berührung mit der Folie zu bringen, wurde dazu ein Öltropfen am Folienrand aufgesetzt und durch Schrägstellen der Unterlage zum Abfließen gebracht. Dabei ergaben sich Ungleichmäßigkeiten in den Begrenzungen des entstehenden Flüssigkeitsstreifens, die offensichtlich den örtlich unterschiedlichen Benetzungseigenschaften der Folie entsprachen: Der benetzte Streifen zeigte keine etwa parallelen Ränder, sondern verschiedentlich unerwartete Verbreiterungen und Verengungen.
Bei einer genauen Untersuchung dieser Erscheinung zeigte es sich überraschenderweise, daß die Stellen mit Streifenerweiterung elektrostatisch aufgeladen waren. Durch Bepudern der Folienrückseite mit Lycopodium war dies zu beweisen (vgl. 4.3): An breitgelaufenen Stellen waren starke Puderanhäufungen zu beobachten.

4. Elektrostatische Aufladung an Folien

4.1 Allgemeines

Um den auf Grund der Vorversuche vermuteten Einfluß elektrostatischer Aufladung der Folien auf ihre Benetzbarkeit studieren zu können, war es erforderlich, über Folien von einigermaßen reproduzierbarem Aufladungszustand zu verfügen. Mit Hilfe einer Korona-Entladungseinrichtung lassen sich dazu die Voraussetzungen schaffen. Die Aufladbarkeit von Folien ist zwar von der relativen Luftfeuchtigkeit der Atmosphäre abhängig, da ein auf der Folie haftender Wasserfilm einen Ladungsausgleich durch Erhöhung der Oberflächenleitfähigkeit stark begünstigt. Für die im Rahmen dieser Untersuchung durchgeführten Folienaufladungen störte allerdings auch ein Raumklima von etwa 50% rel. Luftfeuchtigkeit nicht die Ergebnisse.

4.2 Aufladungsgerät

Uns stand ein umgebautes, handelsübliches Gerät zur Verfügung, das es ermöglichte, die Sprühelektroden auf Gleichspannung oder Wechselspannung (9,1 kHz) bis zu 10 kV gegenüber der geerdeten Grundplatte aufzuladen. Zwischen den reihenförmig angeordneten Koronaspitzen und der Grundplatte wurden die Folien auf einem geerdeten Metallschlitten mittels einer motorbetriebenen Winde durchgezogen (Geschwindigkeit etwa 1 cm/sec) oder stufenweise in einzelnen Abschnitten behandelt.
Mit dem Gerät ist es möglich, elektrostatische Ladungen aufzubringen oder zu beseitigen. Es war im FOGRA-Institut früher für elektrophotographische Forschungsarbeiten benützt worden.

4.3 Sichtbarmachen der Ladungsverteilung durch pulvrige Substanzen

Als bequemen Indikator für Aufladungen von Folien benützten wir meist Lycopodium (DAB 7, bisdep.), mit dem wir die Oberfläche einseitig bestäubten. In besonderen Fällen kam auch ein mit Methylviolett B (Spiritus) eingefärbtes Lycopodium zur Anwendung[2]. Als weitere Möglichkeit benützten wir handelsübliches Toner-Entwickler-Gemisch eines Xerox-Kopiergeräts.
Abb. 1 zeigt als Beispiel das Ladungsbild einer durch normalen Gebrauch aufgeladenen Polystyrol-Folie (Lycopodium).
Was Vorzeichen und Größe der Ladung in der Folienoberfläche betrifft, so ist nach H. Krämer und D. Messner[3] infolge der geringen Dicke der Schichten die Ladungsverteilung auf der Vorderseite und der Rückseite praktisch identisch. In diesem Sinn ergaben sich meistens gleiche Puderbilder auf beiden Folienseiten. Diese Tatsache ist deshalb von Vorteil, weil man aus diesem Grund die »Ladungsverteilung« der Vorderseite einer Folie von der Rückseite her beurteilen kann.

4.4 Verformung von Flüssigkeitsoberflächen an Ladungsstellen

Wurde – entsprechend dem Vorversuch mit dem Paraffinölstreifen (3.2) – eine größere Fläche einer Folie mit Paraffinöl (oder einem anderen Kohlenwasserstoff) bedeckt, so

[2] Harry H. Hall, Journ. of Applied Physics **20**, 1157 (1949).
[3] H. Krämer und D. Messner, Kunststoffe **58**, 673 (1968).

zeigte die Flüssigkeitsschicht eine örtlich verschiedenartige Oberflächenverformung, die besonders bei entsprechender Beleuchtung (Reflexionswinkel) der Fläche deutlich erkennbar ist. Durch Bepudern der Folienrückseite ließ sich beweisen, daß die Verformung der Flüssigkeitsoberfläche der Verteilung der elektrischen Ladung in der Folie entspricht.

5. Verhalten von verdünnter Druckfarbe an aufgeladenen Folien

5.1 Ziel der Versuche

Druckfarben lassen sich durch Vermengen mit Paraffinöl oder leichter flüchtigen Kohlenwasserstoffen in einer Reibschale bis auf geringe Viskosität verdünnen. Eine solche Mischung steht als Modellflüssigkeit – was die Konsistenz betrifft – zwar einer Praxis-Druckfarbe fern; trotzdem kann ein Pigment- oder Harzeinfluß (wie unsere Versuche zeigten) auch hier schon erkennbar sein.
Ein Verdünnen von Druckfarbe ergab damit die Möglichkeit, die zuvor gewonnenen Erkenntnisse über den Einfluß elektrischer Felder an Folienoberflächen auf reine, homogene Flüssigkeiten (4.3) auf inhomogene Systeme auszudehnen.
Wie bei allen Grenzflächenvorgängen war es auch hier von Bedeutung, auf welche Weise der Kontakt zwischen den beiden Phasen hergestellt wird. Dabei führten verschiedene Arbeitsweisen zu verschiedenen Aussagen.

5.2 Aufbringen der Druckfarbe durch Tauchen und Aufgießen

Durch Tauchen oder Begießen der Folienoberfläche ließen sich im allgemeinen zusammenhängende Flüssigkeitsschichten aus mit Paraffinöl verdünnten Offset- oder Buchdruckfarben erzielen. Unter solchen Verhältnissen läßt sich keine Aussage über die Benetzbarkeit der Folienoberflächen gewinnen, weil keine Randwinkel zu beobachten sind. Statt dessen wurde jedoch ein Bild der Ladungsverteilung sichtbar, das in einer differenzierten Pigmentverteilung bestand. Es zeigten sich dabei Pigmentanreicherungen an verschieden geladenen Oberflächenstellen, die durch Pigment- bzw. Bindemitteleinflüsse verursacht waren.
Die Versuche ließen nicht eindeutig erkennen, ob örtlich hohe Pigmentablagerung mit dem Auftreten eines Flüssigkeitsbergs an der gleichen Stelle verknüpft war, sich die hohe Pigmentdichte also aus einer erhöhten Schichtdicke erklärt, oder ob eine örtlich unterschiedliche Entmischung der Dispersion die Ursache für dieses Verhalten war.
Verschiedentlich zeigte der äußere Rand der aufgebrauchten Farbschichten nach kurzer Zeit ein strahliges Aussehen, wohl weil einzelne Druckfarbentröpfchen unter dem Einfluß elektrischer Felder aus der Basisfläche herausgetrieben worden waren.

5.3 Aufbringen der Druckfarbe durch Aufsprühen

Wird verdünnte Druckfarbe mit einem Zerstäuber auf Folienoberflächen aufgesprüht, so kann man dabei eine nur unvollständige Bedeckung durch Flüssigkeit erzielen. Dabei treten bei der Flüssigkeit Randwinkel auf, deren Größe in engem Zusammenhang mit der Benetzbarkeit der Unterlage steht.

Das Aufsprühen von Flüssigkeiten zur Erfassung der Benetzbarkeit von ausgedehnten Oberflächenbereichen durch ein spezielles Verfahren der Randwinkelmessung ist Teil eines späteren Abschnitts. An dieser Stelle soll nur eine dabei auftretende charakteristische elektrische Erscheinung berichtet werden.
Beim Aufsprühen der verdünnten Farben auf aufgeladene Kunststoff-Folien setzten sich die Farbtröpfchen nicht in statistischer Verteilung auf der Oberfläche ab. Die Tröpfchenanzahl pro Fläche war örtlich verschieden, entsprechend der örtlich verschiedenen Aufladung der Oberfläche. Die Abb. 2 und 3 zeigen eine direkte Projektion einer mit benzolverdünnter, gelber Offset-Druckfarbe besprühten Folie auf Fotopapier (Vergrößerung siebenfach linear). Die Folie (reines Polystyrol) war in diesem Fall nicht zuvor künstlich aufgeladen worden; die Tröpfchenwolken zeigen vielmehr eine natürliche Ladungsverteilung dieser Folie.

6. Beeinflussung von Ladung oder Feldverteilung an aufgeladenen Folien

6.1 Ziel der Versuche

Wie die beschriebenen Versuche bewiesen haben, beeinflußt die Aufladung einer Folie ihr Benetzbarkeitsverhalten und damit zweifellos auch die Adhäsion zwischen Druckfarbe und Folie. Nun können zwar Folien durch Koronaschleusen vor dem Druckvorgang entladen werden, doch eine erneute Aufladung, ehe die Druckfarbe getrocknet ist, ist trotzdem zu befürchten. Dabei kann eine nachträgliche Veränderung der schon bedruckten Fläche eintreten.
Unter praktischer Anwendung der erwähnten (4.3) Versuchsergebnisse von H. Krämer und D. Messner[4] über die Feldverteilung bei dünnen, aufgeladenen Schichten versuchten wir, die Wirkung einer Beeinflussung der Rückseite auf das elektrische Feld und damit auch auf die Benetzbarkeit der Vorderseite zu erfassen.
Wir wählten 2 Wege: Einerseits wurde die Folienoberseite aufgeladener Folien untersucht, während die Folie mit der Rückseite auf einer geerdeten Platte lag, andererseits wurde das Verhalten der Vorderseite aufgeladener Folien geprüft, deren Rückseite mit einem Antistatic-Spray behandelt war.

6.2 Besprühen einer aufgeladenen Folie über einer geerdeten Unterlage

Aufschlußreich erwies sich eine kleine Abänderung bei der Durchführung des oben (5.3) beschriebenen Sprühversuchs. Eine Folie wurde mit benzolverdünnter Druckfarbe besprüht. Sie lag dabei jedoch – im Gegensatz zum vorangegangenen Versuch – auf einer geerdeten Metallplatte. Anstatt der in den Abb. 2 und 3 gezeigten Tröpfchenanhäufungen an bestimmten Stellen ergab sich dabei eine statistische Verteilung der Tröpfchen. Das elektrische Feld, das zuvor eine Ablenkung der absinkenden Tröpfchen zu den aufgeladenen Bereichen verursacht hatte, war dadurch so stark verändert, daß sich keine Ablenkung der schwebenden Tröpfchen mehr erkennen ließ.
Während dieser Versuch mehr die fernwirkenden Kräfte betraf, so bezieht sich der folgende mehr auf Nahwirkung.

[4] Siehe Fußnote 3 auf Seite 7.

6.3 Wirkung von Antistatic-Spray

Folienrückseiten wurden zur Hälfte mit einem handelsüblichen Antistatic-Spray behandelt. Anschließend wurde sie mit ihrer Oberseite (auf geerdeter Unterlage) unter verschiedenen Bedingungen der Einwirkung von Koronaentladungen ausgesetzt. Später wurde die Aufladung der Folienvorderseite durch Aufpudern von Lycopodium getestet. Es ergab sich dabei die in den folgenden Abbildungen gezeigten Ladungsverteilungen. In der linken Hälfte der Abbildungen ist jeweils jener Teil gezeigt, der rückseitig vor der elektrischen Behandlung mit Antistatic-Spray besprüht war. Abb. 4 betrifft positive, Abb. 5 negative Aufladung. Abb. 6 zeigt eine Behandlung im Wechselfeld.
In gleicher Weise wurde auch die aufladungsbedingte Verformung einer Paraffinöl-Schicht durch rückseitiges Besprühen mit Antistatic-Spray verhindert.

7. Einfluß des Druckvorgangs auf den Ladungszustand einer Folie

7.1 Ziel der Versuche

Speziell beim Bedrucken im Buch- und Offset-Druckverfahren wird der Bedruckstoff mechanisch stark beansprucht. Vor allem wird er stark gequetscht. Das konnte möglicherweise den Ladungszustand beeinflussen. Aus diesem Grunde prüften wir den Einfluß eines Durchlaufs durch ein Buchdruck-Probedruckgerät (PRÜFBAU) bei nicht eingefärbter Metall-Druckform auf den Ladungszustand von Folien.
In weiteren Versuchen wurde den Folien Vaseline und schließlich schwarze Druckfarbe aufgedruckt und die Folienrückseite durch Bepudern geprüft. Auch die Einwirkung einer beidseitigen Umhüllung von Folien durch Metall wurde untersucht, da der Leitfähigkeit der Kontaktpartner beim Quetschvorgang Bedeutung zukommen mußte.

7.2 Druckversuche ohne Einfärbung

Beim PRÜFBAU-Probedruckgerät wird ein Bedruckstoff-Streifen, der auf einer Gummi- oder Kunststoff-Platte fixiert ist, zwischen zwei Walzen durchgeführt, deren eine die Druckform, die andere den »Gegendruck« bildet. Durchlaufgeschwindigkeit und Anpreßdruck sind regelbar.
Die für unsere Versuche als Bedruckstoff verwendeten Folienstreifen wurden im Anschluß an den Druckprozeß zur Erkennung der Ladungsverteilung sofort mit Lycopodium bepudert.
Während bei einer von uns geprüften weichmacherfreien Polystyrolfolie kaum eine Veränderung der Ladungsverteilung zu bemerken war, zeigte sich auf einer Hart-PVC-Folie eine starke Aufladung in der Druckzone. Abb. 7 zeigt die Aufladung derartiger, unter verschiedenen Geschwindigkeiten gequetschter Folien. Man erkennt, daß die Aufladung der Zonen praktisch unabhängig von der Druckgeschwindigkeit ist.
Bei einer anderen Versuchsreihe zeigte sich das erzielte Ladungsbild bei Hart-PVC zwischen 20 und 100 kp auch unabhängig von den eingestellten Anpreßdrücken.

7.3 Verhalten von in Metallstreifen eingehüllte Folien

Bei den vorangegangenen Versuchen war – wie erwähnt – zwar die Druckform aus Metall (Al), die Folie ruhte aber beim Druckvorgang auf einer Gummiunterlage. Da bei

derartigen Vorgängen die Leitfähigkeit des Kontaktpartners eine wichtige Rolle spielen wird, umhüllten wir den Folienstreifen vor seiner Befestigung auf der Gummiunterlage zu einem Teil mit einer Manschette aus (sehr dünnem) Aluminiumblech.
Durch diese Abänderung der Versuchsbedingungen ergab sich dann auch tatsächlich eine Veränderung des Ladungsbildes. Während vorher (vgl. Abb. 7) das Ladungsbild etwa dem durch eine positive Korona-Ladung erzielbaren entsprach (vgl. Abb. 4), so zeigte jetzt die eingehüllte Stelle das verästelte Bild, wie es durch negative Korona zustande kommt (vgl. Abb. 5).

7.4 Druckversuche mit Vaseline und schwarzer Druckfarbe

Wurde die Druckform des Probedruckgerats mit Vaseline »eingefarbt«, so ergab sich beim späteren Bepudern der Gegendruck-Folienseite dasselbe Bild wie beim Drucken von der bloßen Druckform: Intensive und gleichartige Aufladung der Rückseite der Druckzone (Hart-PVC).
Grundsätzlich änderte sich dieses Ladungsbild, als an Stelle von Vaseline handelsübliche schwarze Druckfarbe verwendet wurde. Jetzt war die Rückseite der Druckzone durch eine gleichmäßige, dünne Puderschicht gekennzeichnet, die gegen den Rand zu etwas intensiver wird.
Hier kommt offensichtlich die erhöhte Leitfähigkeit der mit Ruß pigmentierten Druckfarben zur Wirkung. Ob bei diesem Versuchsergebnis nur eine Veränderung des elektrischen Feldes (entsprechend 6.2 und 6.3) vorliegt, oder eine tatsächlich veränderte Aufladung der gepreßten Folie, wurde nicht weiter geprüft.

8. Versuche zur Haftung von Druckfarben an Folien

8.1 Ziel der Versuche

Alle bisherigen Versuche waren mit mehr oder weniger dünnflüssigen Druckfarben bzw. Modellsubstanzen ausgeführt worden. Es hatte sich dabei ergeben, daß derartige Farben im Anschluß an die Übertragung auf eine Folienoberfläche noch unter der Wirkung elektrischer Kräfte zu wandern vermögen und sich entsprechend der augenblicklichen Ladungsverteilung an bestimmten Stellen konzentrieren, während andere verarmen.
Wenn nun eine Druckfarbe auf Grund ihrer hohen Viskosität nach der Übertragung auf die Folie nicht mehr wandern kann, sondern am ursprünglichen Bedruckort verharren muß, so könnte möglicherweise trotzdem eine entsprechende örtliche Differenzierung ihrer Verankerung latent vorhanden sein. Eine schlechte Verankerung könnte sich beispielsweise nach der Trocknung in einer örtlich verminderten Abriebfestigkeit zeigen, wie sie dem Praktiker beim Foliendruck wohlbekannt ist.
Eine unterschiedliche Haftung der Farbe an der bedruckten Folie wurde auf zweierlei Weise untersucht:

a) Die eben bedruckte Folie wird (wie eine eingefärbte Druckform) auf Papier abgedruckt. Bei diesem »Offset«-Druck könnte sich eine ungleiche Verankerung der Farbe an der Folie durch eine ungleiche Farbübertragung auf das Papier bemerkbar machen.

b) Auf die eben bedruckte Folienfläche wird eine weitere Farbschicht aufgedruckt. Wählt man für diesen Zweitdruck eine Druckfarbe geeigneter Zügigkeit, so wird dabei die zuerst aufgedruckte Farbschicht wieder abgezogen. Eine ungleiche Verankerung der erstgedruckten Farbe könnte durch eine ungleiche Farbannahme erkennbar werden.

8.2 Übertragung der Druckfarbe von einer Folie auf Papier

Im Probedruckgerät (Fa. PRÜFBAU) wurden unterschiedlich aufgeladene Folien im ersten Werk mit einer Volltonfläche bedruckt und nach einer Verzögerung von 5 sec bis zu 3 min im zweiten Druckwerk auf einen eingelegten Papierstreifen abgedruckt. Es wurden Papiere verschiedener Oberflächenbeschaffenheit verwendet.

Die Versuche ergaben unter den von uns gewählten Bedingungen nicht das erwartete Ergebnis; die auf das Papier übertragenen Farbflächen zeigten keine Struktur.

8.3 Aufdrucken einer weiteren Farbe auf bedruckte Folien

Im ersten Druckwerk des Prüfbau-Probedruckgeräts wurden unterschiedlich aufgeladene Folien mit einer 4 cm breiten Volltonfläche bedruckt. Nach einer Verzögerung von 5 sec bis zu 3 min wurde im zweiten Werk eine 2 cm breite Volltonfläche mit einer Farbe hoher Zügigkeit darübergedruckt. Dabei sollte – wie oben beschrieben – ein Teil der darunterliegenden ersten Farbschicht abgezogen werden.

Auch hierbei ergaben sich gleichmäßige Restschichten unter den von uns eingehaltenen Bedingungen.

Die hier beschriebenen Druckbedingungen im ersten Druckwerk unterscheiden sich insofern von den im nächsten Abschnitt (9.) beschriebenen, daß bei der Aufladung und beim Druck keine Metallfolie dem Kunststoff untergelegt war.

9. Praxisgemäßer Hochdruck auf statisch aufgeladenen Folien

9.1 Vorbemerkung

Obwohl E. Rupp 1966 im Rahmen einer Arbeit über Farbübertragung[5] auf eine entsprechende Erscheinung hingewiesen hatte, war es bisher praktisch unbeachtet geblieben, daß die elektrostatische Aufladung von Kunststoff-Folien Einfluß auf ihre Bedruckbarkeit im Hochdruck haben könne. Unsere hier beschriebenen Versuche bestätigen nicht nur den Hinweis von Prof. Rupp, sondern bringen darüber hinaus bestimmte Störungen der Farbübertragung damit in Zusammenhang.

Es wurde schon darauf hingewiesen (4.1), daß die Dauerhaftigkeit der statischen Aufladung von Kunststoffen von der Luftfeuchtigkeit der Arbeitsräume abhängt. Besonders

[5] E. Rupp, »Probleme der Farbübertragung in den drei Hauptdruckverfahren«; Polygraph – Jahrbuch **1966**, 377.

Folien mit Weichmachergehalt zeigen in feuchter Atmosphäre ein verhältnismäßig rasches Abklingen der Aufladung. Verstreicht zwischen Aufladung und Farbübertragung nur eine kurze Zeit – und dies ist stets der Fall, wenn Folien sich erst während der Druckvorbereitung in der Druckmaschine aufladen –, so können auch bei hoher Luftfeuchtigkeit und weichmacherhaltigen Folien elektrostatische Ladungen den Druckvorgang beeinträchtigen.
Bei den im Rahmen dieser Arbeit durchgeführten Untersuchungen lag zwischen Aufladung und Druck stets ein wesentlich größerer Zeitraum, als er in der Druckmaschine realisiert ist. Trotzdem konnte bei durchschnittlicher relativer Luftfeuchtigkeit um 50% eindeutig und reproduzierbar der Einfluß der Aufladung auf die Farbübertragung bewiesen und studiert werden.

9.2 Durchführung der Versuche

Ein Streifen einer Kunststoff-Folie wurde auf der flachen Gummi-Unterlage des Probedruckgeräts (PRÜFBAU) befestigt, nachdem er zwar mit sehr dünner Aluminium-Folie unterlegt worden war. Bei geerdeter Al-Folie wurde der Streifen nun im Aufladegerät der Länge nach im Wechsel alle 3 cm einer anders gepolten Korona-Einwirkung (ca. 4000 V) ausgesetzt. Daran anschließend wurde die Folie (noch auf der Metallunterlage) mit Buch- oder Offsetdruckfarbe von einer Metalldruckform im Vollton bedruckt. Der Druck zeigte meistens deutlich regelmäßig wiederkehrende blasse Strukturen, die eindeutig entweder der positiven oder der negativen Korona-Vorbehandlung zugeordnet werden können (Abb. 8).
Das Aussehen dieser durch Aufladung erzeugten Störstellen entspricht einer beim Foliendruck nicht selten zu beobachtenden Farbübertragungsstörung, die bisher mit einer unregelmäßig in der Oberfläche der Folie auftretenden Weichmacher- oder Gleitmittelanhäufung und dadurch gestörter Benetzbarkeit erklärt wurde.
Die Druckform (Al) weist nach dem Druck dieselbe Struktur als Negativ auf; die auf der Folie fehlende Farbe befindet sich noch auf der Druckform (Abb. 9 und 10). Aus dieser Erscheinung geht hervor, daß es sich dabei nicht um eine durch Aufladung gestörte Adhäsion der Druckfarbe am Druckträger als vielmehr um eine veränderte Farbspaltung, eine Störung der Kohäsion der Druckfarbe, handelt.

9.3 Versuchsergebnisse

Geprüft wurden folgende Folien:

Folienbezeichnung	Kennbuchstabe
Norflex Polystyrol	A
Pokalon	B
Genotherm N 2 bl. G	C
5911 D. VK	D
Genotherm N. bl.	E
Genotherm N gelb	F
Genotherm UG weiß	G
Ultraphan VP	H
Ultraphan G	I

Als Druckfarben wurden eingesetzt:

Druckfarbenbezeichnung		Kenn-nummer
Corona-Gelb G 2	für Buchdruck	1
Corona-Normalgelb G 6	für Buchdruck	2
Corona-Gelb G 10	für Buchdruck	3
Corona-Rot R 1	für Buchdruck	4
Corona-Rot R 17	für Buchdruck	5
Corona-Rot R 23	für Buchdruck	6
Corona-Rot R 27	für Buchdruck	7
Corona-Violett V 1	für Buchdruck	8
Corona-Violett V 14	für Buchdruck	9
Corona-Normalblau B 6	für Buchdruck	10
Corona-Blau B 17	für Buchdruck	11
Corona-Gelb G 70	für Offset	12
Corona-Gelb G 81	für Offset	13
Normal-Rot R 56	für Offset	14
Euro-Magenta R 70	für Offset	15
Corona-Rot R 83	für Offset	16
Corona-Rot R 84	für Offset	17
Corona-Blau B 84	für Offset	18
Corona-Blau B 87	für Offset	19
Euro-Cyan 48 3075	für Offset	20
Normal-Gelb G 56	für Offset	21
Nova-vitblau 4 F 61	für Offset	22
Nova-vitblau 4 F 61	für Buchdruck	23
Corona-Tiefschwarz 3520	für Offset	24
MG-Prachtschwarz 1098	für Buchdruck	25

Die folgende Tabelle gibt eine Übersicht über das Auftreten von Störungen bei der Farbübertragung durch elektrostatische Aufladung der Folie:

—	keine	Störung der Farbübertragung
+—	geringe	Störung der Farbübertragung
+	deutliche	Störung der Farbübertragung
++	starke	Störung der Farbübertragung

Die Bezeichnung der Folien und Druckfarben entspricht den Angaben der obigen Zusammenstellung.

Wie aus dieser Übersicht zu ersehen ist, konnten bei 6 und 9 Folien unter den Versuchsbedingungen Störungen der Farbübertragungen durch elektrostatische Aufladung hervorgerufen werden. Wenigstens 20 unter 25 Druckfarben reagierten auf die Aufladung der Druckfolien.

Diese Ergebnisse kamen zustande, obwohl zwischen Aufladung und Druck etwa 30 sec verstrichen und eine relative Luftfeuchtigkeit von ca. 50% herrschte!

Auftreten von Druckstörungen

Druckfarben	Folien A	B	C	D	E	F	G	H	I
1		+							
2		+							
3		—							
4		+							
5		+							
6		+							
7		+							
8		+							
9		+							
10		+							
11		++							
12		—							
13		—							
14		+							
15	+	—	—	(+—)	—	—	—	—	—
16		+							
17		+							
18		—							
19		+							
20		+							
21		—							
23	+	+	+	+	+	+	—	—	—
24	+	+			+	+	—	—	—
25		+							
26		+							

9.4 Veränderung der Versuchsbedingungen

Folien werden wie gewöhnlich auf geerdetem Al bei ca. 4 kV aufgeladen. Vor dem Druck von einer üblichen Metalldruckform wurde jedoch die Metallunterlage entfernt, so daß die Folie direkt der Gummiunterlage auflage. Unter diesen Bedingungen konnte keine Störung der Farbübertragung beobachtet werden. Eine solche Störung trat auch nicht auf, wenn eine wie üblich aufgeladene, mit Metall unterlegte Folie von einer Gummidruckform bedruckt wurde. Als wir jedoch die Spannung bei der Aufladung stark erhöhten (auf ca. 10 kV), ließ sich eine geringe Störung der Farbübertragung auch dann beobachten, wenn von der Metalldruckform auf eine mit Gummi unterlegte Folie gedruckt wurde. Dies spricht dafür, daß der Metallunterlage nur eine verstärkende Wirkung zukommt.

Änderungen der Druckgeschwindigkeit, die bei unseren anderen Versuchen bei 1,5 m/sec lag, hatten keinen Einfluß auf die gestörte Farbübertragung.

Wurden die Druckfarben mit etwas Drucköl verdünnt, so ergab sich eine Steigerung der Farbübertragungsstörung.

Bei Aufladungen mit verminderter Koronaspannung war noch bei 200 V ein schwacher Effekt im Druck zu bemerken.

Ein Überlagern der Gleichspannung mit höheren Wechselspannungen minderte den Effekt der Aufladung.

10. Meßgerät zur Erfassung der Benetzbarkeit von ausgedehnten Oberflächenbereichen

10.1 Bedeutung einer Randwinkelmessung durch Reflexionsbeobachtung

Wie oben erwähnt (2.), bildet der Gleichgewichtsrandwinkel θ, den eine Flüssigkeit auf einer Unterlage ausbildet, ein Maß für die Benetzbarkeit der Unterlage durch die Flüssigkeit.

Ein solcher Randwinkel θ kann neben der üblichen Methode der seitlichen Beobachtung von Tropfen (z. B. im FOGRA-Randwinkelprojektor) auch durch Beobachtung von Reflexionswinkeln an Tropfen ermittelt werden ($<15°$).

Für Tropfen mit einem Randwinkel $\theta < 90°$ existieren Beleuchtungs- bzw. Beobachtungsbedingungen, unter denen keine Reflexion der Lichtquelle an der Tropfenoberfläche bemerkbar ist. Für den Sonderfall einer vertikalen Betrachtung eines auf einer horizontalen Ebene liegenden Tropfens ist Nicht-Reflexion auf Grund der Spiegelgesetze nur für Randwinkel $\theta < 45°$ denkbar (Abb. 11).

Durch eine Abgrenzung der Reflexionsbedingungen läßt sich eine indirekte Bestimmung des Tropfen-Randwinkels vornehmen. Dabei ist der Spezialfall einer Beobachtung senkrecht zur Auflagefläche deshalb vorteilhaft, weil so auch die Umgebung verzerrungsfrei erscheint, was die gleichzeitige Vermessung und Lokalisierung benachbarter Tropfen erleichtert. Durch *eine* Beobachtungsserie ist es so auf relativ einfache Weise möglich, die Benetzbarkeit eines Feststoff-Oberflächen*bereiches* zu registrieren.

Daß auf diese Weise Randwinkel $\theta < 45°$ erfaßt werden können, ist besonders vorteilhaft, da auf konventionelle Weise, d. h. durch Winkelmessung am seitlich beobachteten Tropfen, dieser Bereich kleiner Randwinkel nur sehr ungenau meßbar ist.

10.2 Prinzip der Messung

Der Wunsch, Reflexion oder Nicht-Reflexion gleichzeitig an einer großen Anzahl von Tröpfchen in einem Oberflächenbereich einer Folie zu beobachten, erforderte eine besondere Methodik der Auswertung. Wir gingen dabei so vor, daß wir die Reflexionspunkte für verschiedene Beleuchtungswinkel auf der photographischen Aufnahmen durch stufenweise Verschiebung der beobachteten Fläche differenzierten (Abb. 12). Geht man dabei von fast senkrechter Beleuchtung zu immer flacherer Einstrahlung über, so wird nur so oft ein Reflexionspunkt registriert werden können, bis für den beobachteten Tropfen der Grenzwinkel der Reflexion erreicht ist. Diese Reflexionspunkte liegen auf dem Photogramm gleich einer Perlenkette aneinandergereit. Durch bloßes Abzählen der »Perlen« läßt sich daraus die jeweilige Lage des Grenzwinkels ablesen.

Die geometrische Beziehung zwischen Reflex-Grenzwinkel und Randwinkel θ zeigt Abb. 13.

10.3 Durchführung der Messung

10.3.1 Aufbringen der Meßtropfen

Wir benützten ein handelsübliches Aerosolgerät mit Zerstäubern für verschiedene Tropfengrößen (Pari-Werk). Zur Veränderung der Teilchengröße wurden Versuche mit aufgeheizten Zerstäubern unternommen (Heizband, Fa. Bender & Hobein). Am meisten geeignet für die Reflexionsmessung scheint eine Verwendung der Pari-Feucht-

zerstäuberdüse, für welche die Herstellerfirma eine Tröpfchengröße von 10 bis 44 μm Durchmesser angibt, was sich jedoch vermutlich nicht auf ein Versprühen von Paraffinöl übertragen läßt.
Zum Besprühen wurde die Testfolie auf ein dunkel lackiertes Metallblech aufgeklebt. Das Metallblech wurde geerdet, um eine gleichmäßige Tröpfchenverteilung auch bei Aufladung sicherzustellen (vgl. 5.3).
Das Problem der Tröpfchen-Aufladung wird später (10.4) behandelt.

10.3.2 Photographische Registrierung des Grenzwinkels der Reflexion

Die auf dem dunkel lackierten Blech mit Streifen festgeklebte, besprühte Folie wurde auf den Probentisch aufgelegt, der sich durch eine kalibrierte Spindel seitlich verschieben läßt. Der Probentisch befindet sich senkrecht unter einer photographischen Registriereinrichtung. Aus ca. 150 cm Höhe können auf einem Format von 24×36 mm die Reflexe einer Folienfläche von ca. 5×8 cm aufgezeichnet werden.
Erst wird visuell auf der Mattscheibe der Beleuchtungswinkelbereich bestimmt, in dem unter den Versuchsbedingungen ein Verlöschen der Reflexe stattfand. (Bei den beiden untersuchten Folien lagen die Grenzwinkel zwischen 10 und 40°, die Randwinkel also zwischen 5 und 20°.)
Für die Reflexionsuntersuchung wurde nun bei geöffnetem Verschluß (Blende II) im Dunkeln der Beleuchtungswinkel langsam von 10 bis 40° verändert. Die Winkeländerung betrug 2,5° pro 10 sec. Alle 10 sec wurde durch Drehung der Spindel am Probentisch die Lage der Folie stufenweise um 0,2 mm verschoben. Erst nach Erreichen des Beleuchtungswinkels von 40° wurde die Belichtung des Films abgebrochen (vgl. Abb. 12).
Unter diesen Versuchsbedingungen gilt für das Photogramm folgendes Auswerteschema:

Anzahl der Reflexe (»Perlenzahl«)	Beleuchtungswinkel (°)	Randwinkel θ (°)
1	10,0–12,5	5,00– 6,25
2	12,5–15,0	6,25– 7,50
3	15,0–17,5	7,50– 8,25
4	17,5–20,0	8,75–10,00
5	20,0–22,5	10,00–11,25
6	22,5–25,0	11,25–12,50
7	25,0–27,5	12,50–13,75
8	27,5–30,0	13,75–15,00
9	30,0–32,5	15,00–16,25
10	32,5–35,0	16,25–17,50
11	35,0–37,5	17,50–18,75
12	37,5–40,0	18,75–20,00
13	40,0	20,00

10.3.3 Auswertung der Reflexionsphotogramme

Die Abb. 14 und 15 zeigen die unter solchen Bedingungen erhaltenen Photogramme von »Genotherm NZ bl.« und »Genotherm N gelbl.« gegenüber Paraffinöl.
Die Abb. 16 und 18 zeigen vergrößerte Ausschnitte der Photogramme. Auf den Abb. 17 und 19 sind, im gleichen Maßstab, die Auszählungen eindeutiger Reflexketten aus 16

und 17 eingezeichnet. Das Quadrat in diesen Abbildungen entspricht 1 cm^2. Es enthält etwa 100 auswertbare Meßpunkte.
Die Häufigkeitsverteilung einzelner Randwinkelwerte zeigt Abb. 20. Inwieweit diese hier aufgezeigte Streuung der Benetzung auf »echte« Verschiedenheiten in den Folienoberflächen zurückzuführen ist, oder nur die Auswirkung einer Streuung der Tröpfchenladung aufzeigt, konnte im Rahmen dieser Forschungsarbeit noch nicht geklärt werden.
Versucht man in den ausgezählten Reflex-Photogrammen Bereiche extremer Benetzbarkeit abzugrenzen, so kann man – mit einiger Willkür – zu den in den Abb. 21 und 22 eingezeichneten Bereich kommen. Die häufige Nachbarschaft extremer Benetzbarkeiten kann möglicherweise auf die erwähnten elektrostatischen Effekte hindeuten.
Augenblicklich werden noch Versuche unternommen, die Möglichkeiten einer automatisierten Auswertung derartiger Reflex-Photogramme mittels moderner Abtastverfahren prüfen sollen (»Videomat«, Fa. CARL ZEISS).

10.4 Aufladung beim Aufsprühen von Tröpfchen

10.4.1 Einfluß der Tröpfchenaufladung auf die Benetzungsmessung

Eine Voraussetzung für eine zuverlässige Messung ist das Vorhandensein einer großen Anzahl von Tröpfchen mit vergleichbaren Eigenschaften auf der Folienoberfläche. Diese Tröpfchenschar kann durch Sprühen der Flüssigkeit auf die Oberfläche aufgebracht werden. Um jedoch Tröpfchen mit vergleichbaren Randwinkeln zur Messung zu haben, dürften die Tröpfchen keine nennenswerte Ladung tragen. Beim Sprühen von nichtleitenden Flüssigkeiten kommt es im allgemeinen zu einer unkontrollierten Aufladung der Tröpfchen. Dadurch ändert sich die scheinbare Oberflächenspannung im Tröpfchen, was die Größe eines auftretenden Randwinkels beeinflußt. Aus diesem Grunde schien es notwendig, für die Messung Tröpfchen mit vergleichbarer Ladung oder ungeladene Tröpfchen zu verwenden. Arbeitet man mit Wasser oder ähnlich leitfähigen Flüssigkeiten, so lassen sich Tröpfchen mit gleicher Ladung ohne großen Aufwand herstellen. Bei der Verwendung von isolierenden Flüssigkeiten ist ein Ausfiltern der Tröpfchen entsprechend ihrer Aufladung oder aber ein Entladen der Tröpfchen nötig. Wir versuchten das Letztere.

10.4.2 Entladungsrohr

Ein an den Enden in Kunststoff gefaßtes Messingrohr (Durchmesser 2 cm) wurde axial mit einem Wolframdraht von 0,05 mm Durchmesser versehen, der gegenüber dem geerdeten Rohr durch das erwähnte (4.2) Aufladungsgerät unter Hochspannungswechselfrequenz gesetzt werden konnte.
Durch die Wechselfrequenz wird die Luft im Rohr positiv und negativ ionisiert. Passieren aufgeladene Tröpfchen das Rohr, so kann ihre Ladung durch Aufnahme von Luftionen neutralisiert werden.
Bei Vorversuchen traten Schwierigkeiten durch Längenänderungen des Koronadrahts unter Einfluß der Hochspannung auf. Durch ein Durchhängen des schlaffen Drahts wurde das Feld innerhalb des Rohres ungleichmäßig und (vermutlich deshalb) die Entladung von Tröpfchen unvollkommen. In der jetzigen Ausführung des Entladungsrohrs wird durch einen angefügten gespannten Gummifaden der Koronadraht auch in gedehntem Zustand straff gehalten (Abb. 23).
Die Entladung von Tröpfchen ist auch mit dem abgeänderten Rohr bisher noch unbefriedigend. An einer weiteren Verbesserung wird gearbeitet.

11. Untersuchungen mit dem Rasterelektronenmikroskop

Druckfolien sind häufig klar durchsichtig bei glänzender Oberflächenbeschaffenheit. Daraus läßt sich folgern, daß Unebenheiten der Folienoberfläche in einem Lichtmikroskop nicht beobachtet werden können. Da nun auch eine unsichtbare Mikrorauhigkeit, deren Struktur-Unregelmäßigkeiten geringere Dimensionen als die Lichtwellenlänge (0,4 μm) aufweisen, für eine Verankerung der Druckfarbe bedeutsam sein könnten, wurden von einigen Folienoberflächen (nach Aufdampfen von Al) Aufnahmen mit dem Rasterelektronenmikroskop angefertigt. (Physikalisches Laboratorium Mosbach, Prof. BRÜCHE). Wie die Abb. 24 und 25 zeigen, ist trotz einer etwa 5500fachen Vergrößerung keine Struktur zu erkennen.

12. Infrarotspektroskopische Untersuchungen an Folien

Unsere IR-Untersuchungen hatten ursprünglich verschiedene Ziele: Einerseits sollten die für unsere Versuche benützten Handelsfolien ganz allgemein durch ihr IR-Spektrum charakterisiert werden. Außerdem sollte auch – mit Hilfe der FMIR-Technik – die chemische Beschaffenheit einzelner Oberflächenpartien sowohl mit der Beschaffenheit benachbarter Oberflächenpartien als auch mit der Zusammensetzung der Folie insgesamt (normales Durchstrahlungsspektrum) verglichen werden. Daneben sollte aber auch die oberflächenchemische Auswirkung einer Vorbehandlung (z. B. der Durchlauf durch eine Korona) erkannt werden.
Wie sich im Verlauf unserer Untersuchungen ergab, waren die entscheidenden Ergebnisse einer Folienvorbehandlung nicht in chemischen Veränderungen zu suchen. Die FMIR-Technik erwies sich jedoch auch für die bloße Charakterisierung der Folien als nützlich: nur sehr dünne Folien lieferten nämlich bei der Durchstrahlung ein befriedigendes Spektrum. Schon bei mittleren Schichtdicken sind manche Folien in einigen Spektralbereichen praktisch völlig undurchlässig. Eine FMIR-Analyse erfaßt dagegen stets nur eine geringe Schichtdicke, die außerdem noch durch eine Veränderung des Anpreßdrucks zwischen Probe und KRS-5-Kristall (scheinbar) variiert werden kann. Man erhält mit dieser Methode auch von dicken Folien brauchbare Spektren.
Abb. 26 soll den Unterschied der beiden Methoden für eine Pokalon-Folie mit ca. 150 μm Schichtdicke demonstrieren. Auf den Abb. 27 bis 30 sind weitere Folienspektren (je nach Eigenart entweder als Transmissions- oder FMIR-Spektrum gewonnen) abgebildet.

13. Zusammenfassung

Bei den Untersuchungen war man anfangs von der Voraussetzung ausgegangen, daß die Ursache der ungleichen Benetzbarkeit von Folien vor allem in einer ungleichmäßigen chemischen Beschaffenheit der Oberfläche liege, wie dies dem bisherigen Stand des Wissens entsprach. Unsere Untersuchung zeigte nun, daß außerdem die elektrostatische Aufladung einer Folie einen entscheidenden Einfluß auf die Verteilung flüssiger Nachbarphasen ausübt.

Dünnflüssige Farben wie z. B. Tiefdruckfarben, wandern nach der Aufbringung auf die Folie unter der Wirkung elektrischer Kräfte und konzentrieren sich entsprechend der Ladungsverteilung an bestimmten Stellen, während andere verarmen.

Bei hochviskosen Farben, wie z. B. Buchdruck- oder Offsetdruckfarben, kann es zu keiner Wanderung kommen. Hier wird jedoch die Farbspaltung durch die elektrischen Felder an aufgeladenen Folienstellen beeinflußt, so daß an Ladungsstellen weniger Farbe übertragen wird und mehr Farbe auf der Druckform zurückbleibt. Diese Störung der Farbübertragung ließ sich an 6 von 9 getesteten Folien mit 20 von 25 untersuchten Druckfarben hervorrufen.

Es zeigte sich, daß sich die Auswirkung elektrischer Aufladung schon von der Rückseite her beeinflussen läßt, z. B. durch leitfähige Beschichtung.

Ein Benetzungsmeßgerät wurde entwickelt und erprobt, welches die Randwinkel von Tröpfchen durch Abgrenzen des Reflexionsbereiches zu ermitteln gestattet. Der besondere Vorteil der Meßmethode liegt darin, daß auf relativ einfache Weise eine große Zahl von Meßwerten (ca. 100 Randwinkelwerte pro m^2) gleichzeitig an einer Fläche von ca. 5×8 cm registriert werden kann. Ein weiterer Vorzug besteht in der Möglichkeit, kleine Randwinkel genau zu bestimmen.

Weiterhin wurden Druckfolien infrarotspektroskopisch und mit Hilfe des Rasterelektronenmikroskops untersucht.

Anhang

Abb. 1 Ladungsbild einer durch normalen Gebrauch aufgeladenen Polystyrol-Folie (Lycopodium)

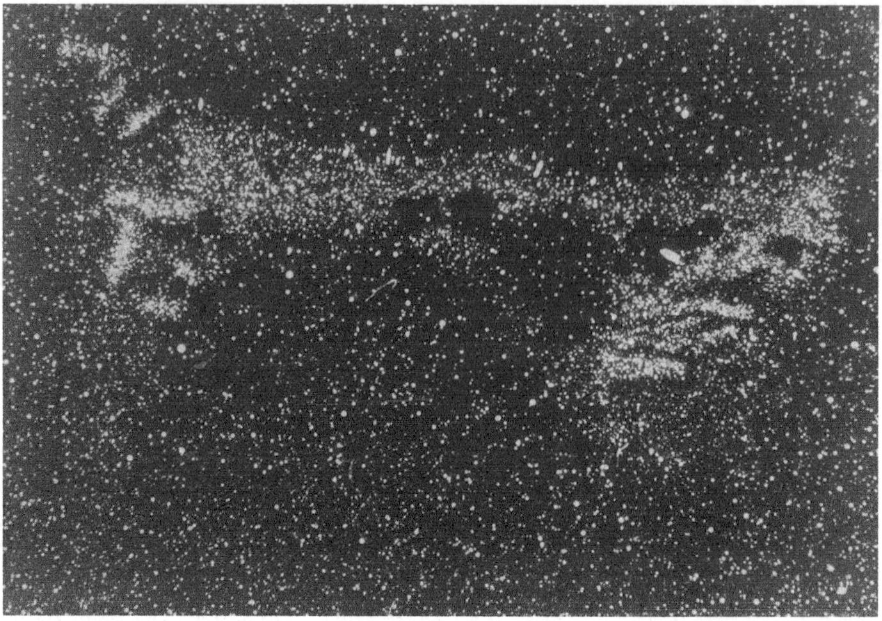

Abb. 2 Tröpfchenverteilung an einer durch normalen Gebrauch aufgeladenen Polystyrol-Folie (verdünnte Druckfarbe)

Abb. 3 Tröpfchenverteilung an einer durch normalen Gebrauch aufgeladenen Polystyrol-Folie (verdünnte Druckfarbe)

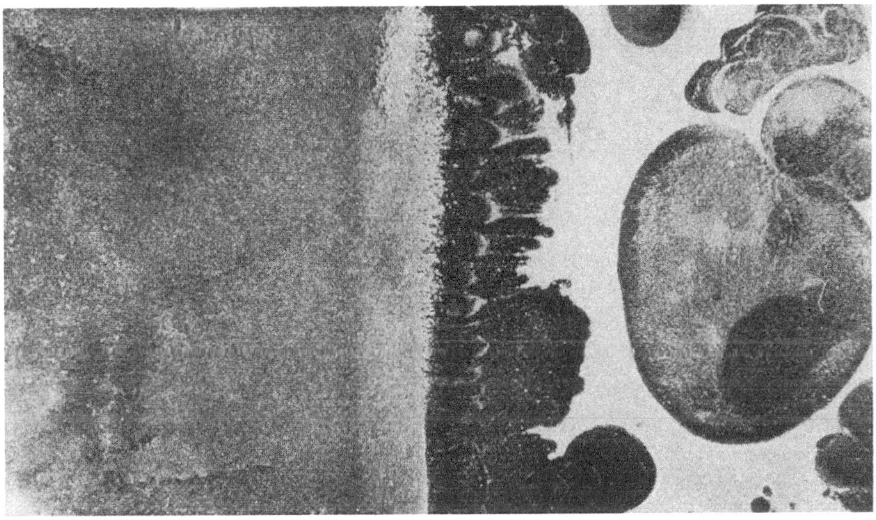

Abb. 4 Positive Korona-Aufladung einer (links) vorher rückseitig mit Antistatic-Spray behandelten PVC-Folie

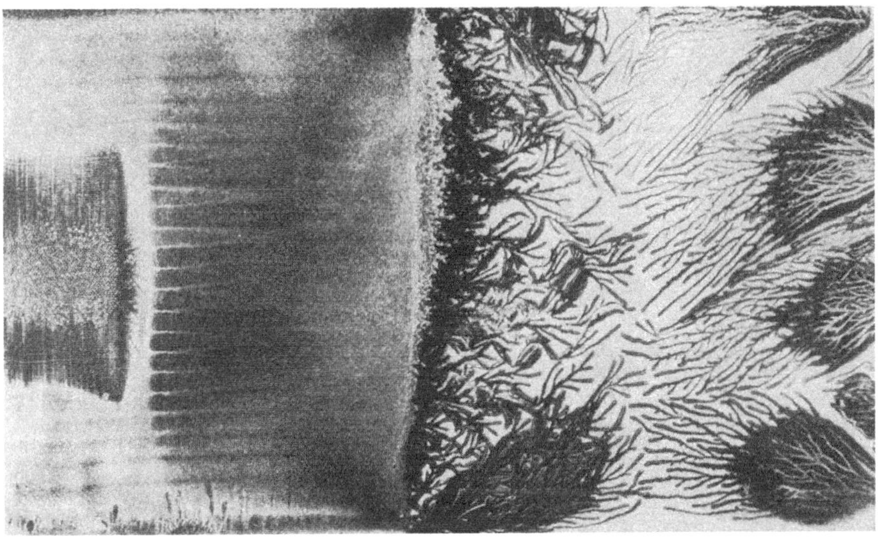

Abb. 5 Negative Korona-Aufladung einer (links) vorher rückseitig mit Antistatic-Spray behandelten PVC-Folie

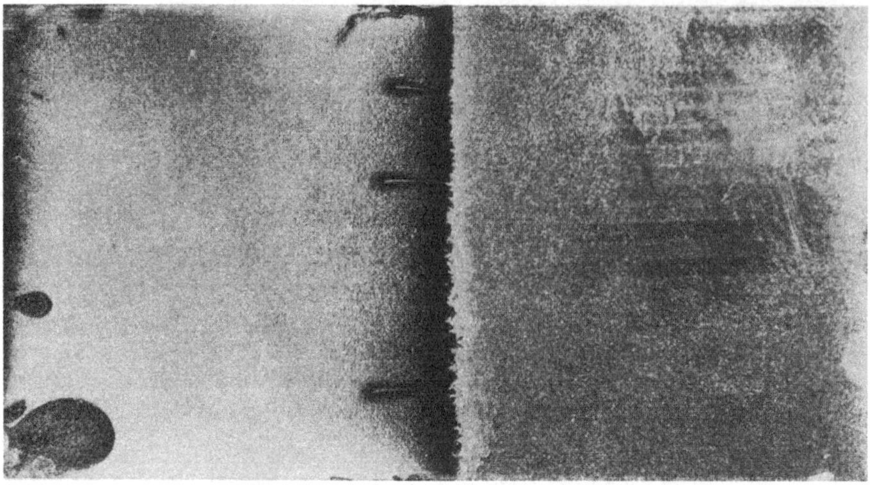

Abb. 6 Wechselfeld-Behandlung einer (links) vorher rückseitig mit Antistatic-Spray behandelten PVC-Folie

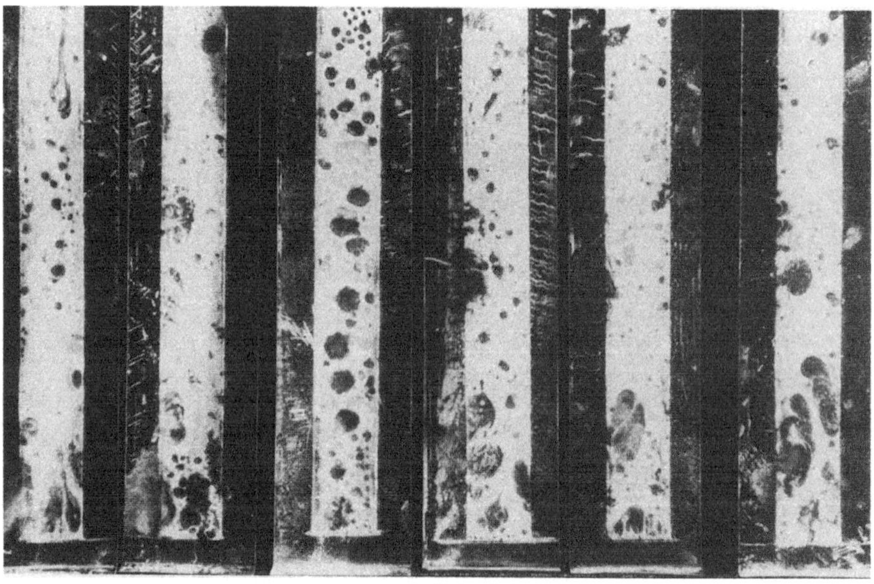

Abb. 7 Aufladung der Quetschzone von Hart-PVC-Folie beim Durchlauf durch ein Probedruckgerät bei verschiedenen Geschwindigkeiten (Lycopodium)

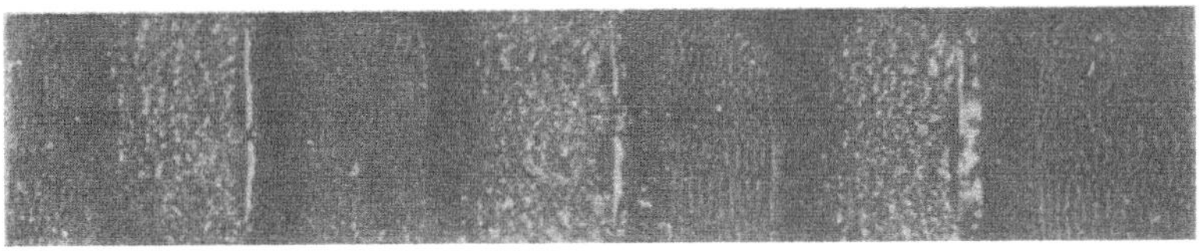

Abb. 8 Einfluß der wechselweisen Korona-Aufladung auf die Bedruckbarkeit einer weichmacherfreien Polystyrol-Folie

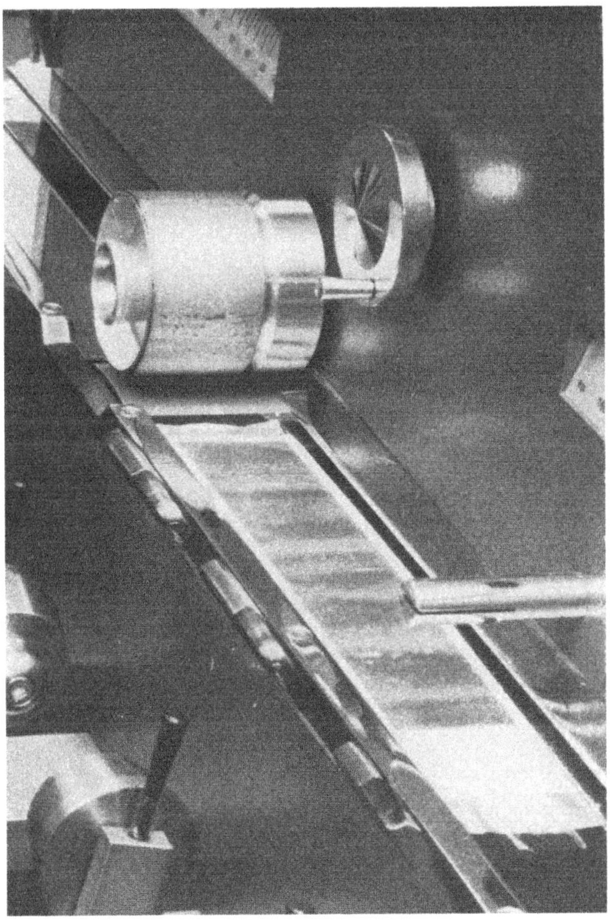

Abb. 9 Bedruckter Folienstreifen (PRÜFBAU-Probedruckgerät)

Abb. 10 Bedruckter Folienstreifen und zugehörige Druckform nach dem Druck

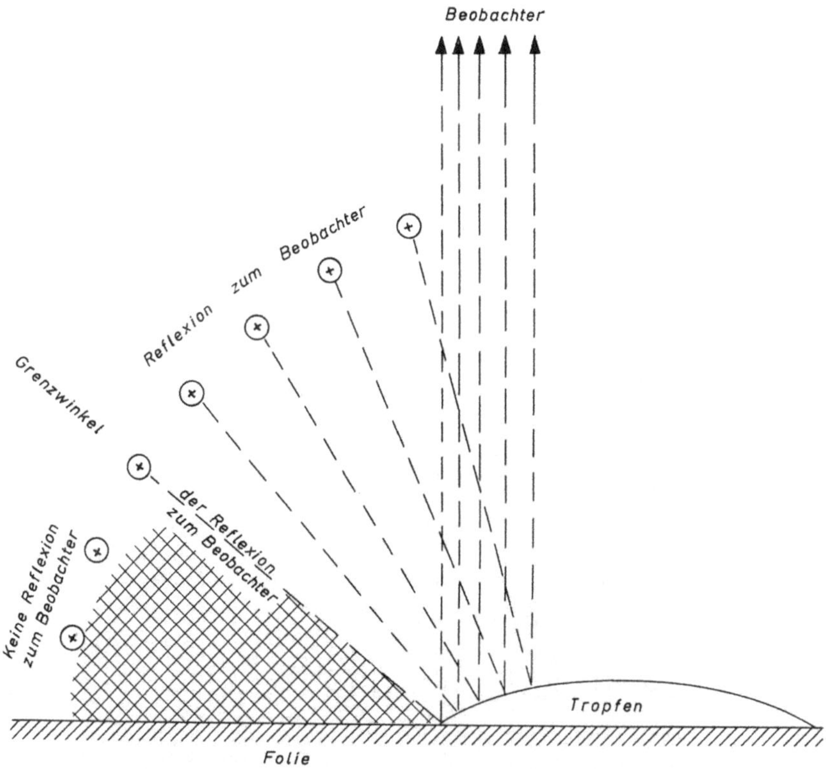

Abb. 11 Reflexion einer Lichtquelle an einem Tropfen bei senkrechter Beobachtung

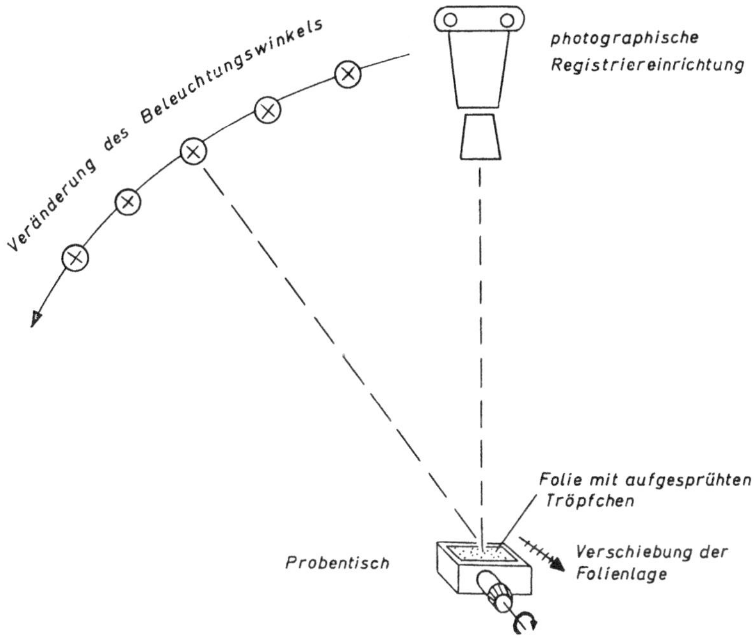

Abb. 12 Prinzipskizze zum Reflex-Randwinkelmeßgerät

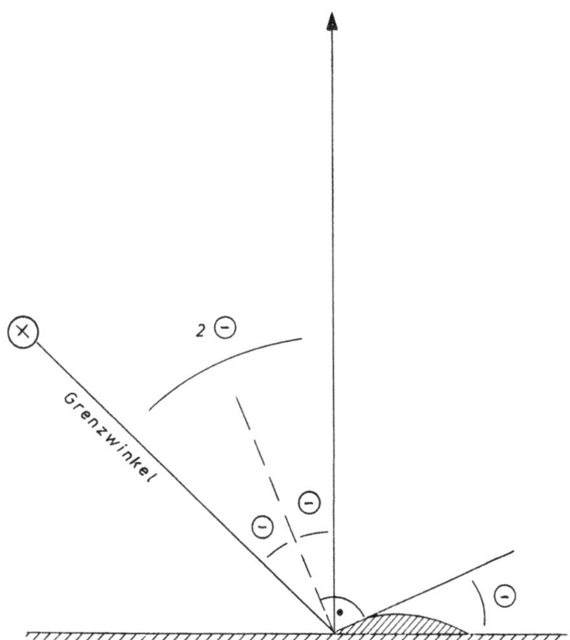

Abb. 13 Beziehung des Grenzwinkels zum Randwinkel θ bei senkrechter Beobachtung

Abb. 14 Reflex-Photogramm: Genotherm NZ bl./Paraffinöl (etwa zweifach vergrößert)

Abb. 15 Reflex-Photogramm: Genotherm N gelbl./Paraffinöl (etwa zweifach vergrößert)

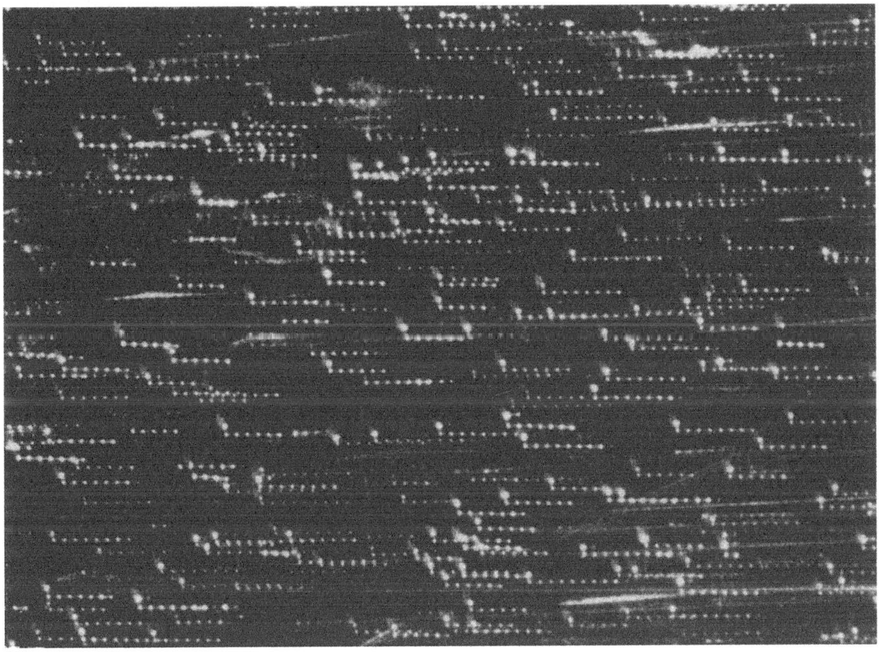

Abb. 16 Reflex-Photogramm: Genotherm NZ bl./Paraffinöl
(Ausschnitt ca. zehnfach vergrößert)

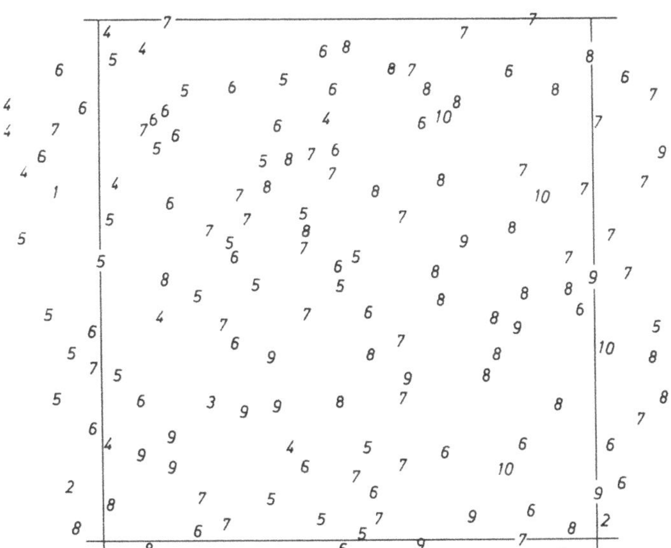

Abb. 17 Ausgezählte Reflex-Ketten zum obigen Bild

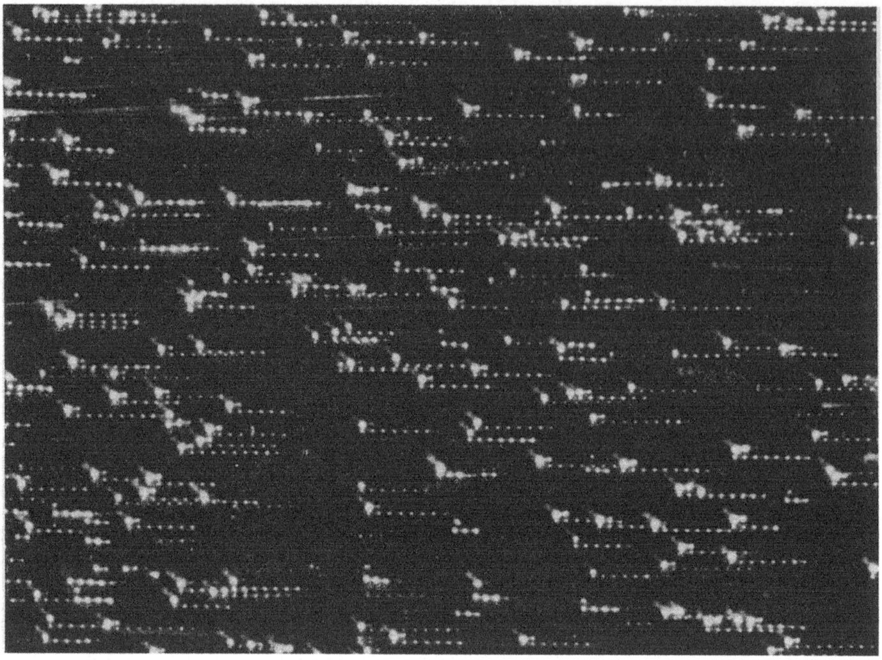

Abb. 18 Reflex-Photogramm: Gentotherm N gelbl./Paraffinöl (Ausschnitt ca. zehnfach vergrößert)

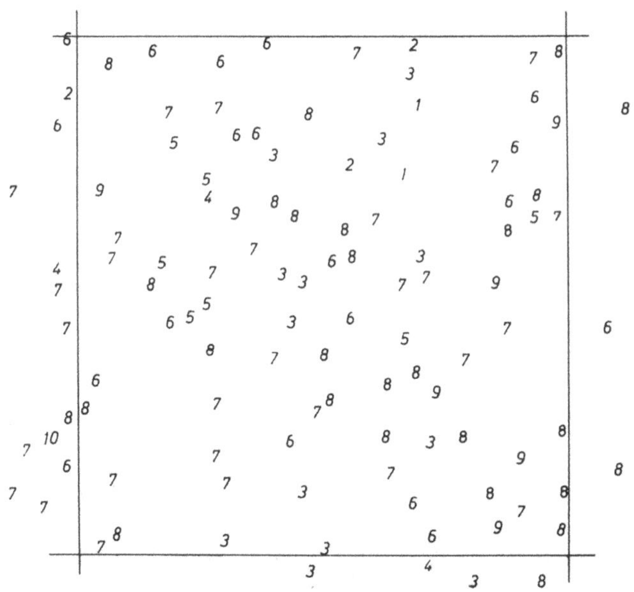

Abb. 19 Ausgezählte Reflex-Ketten zum obigen Bild

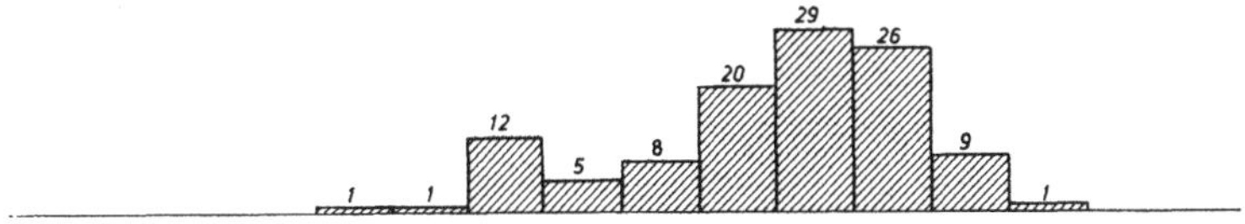

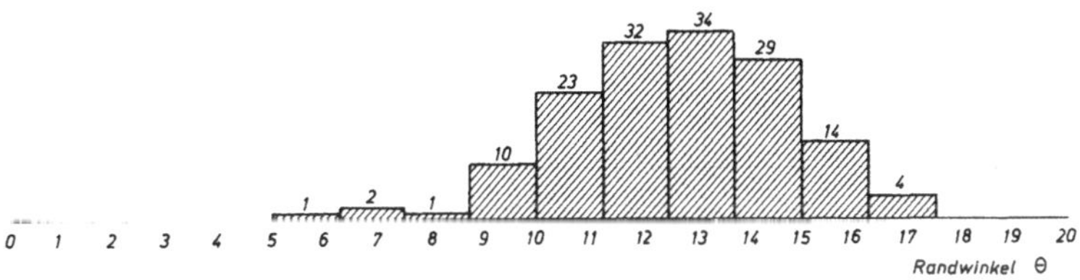

Abb. 20 Randwinkelverteilung
a) Paraffinöl an Genotherm N gelbl. 0,3
b) Paraffinöl an Genotherm NZ bl. 0,2

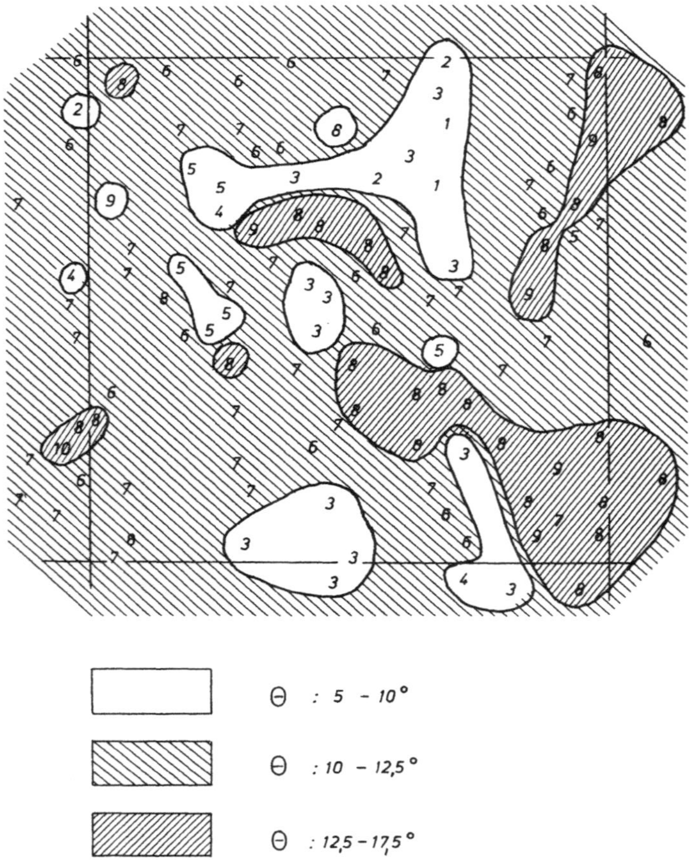

Abb. 21 Örtliche Benetzbarkeitsverteilung an Genotherm NZ b.

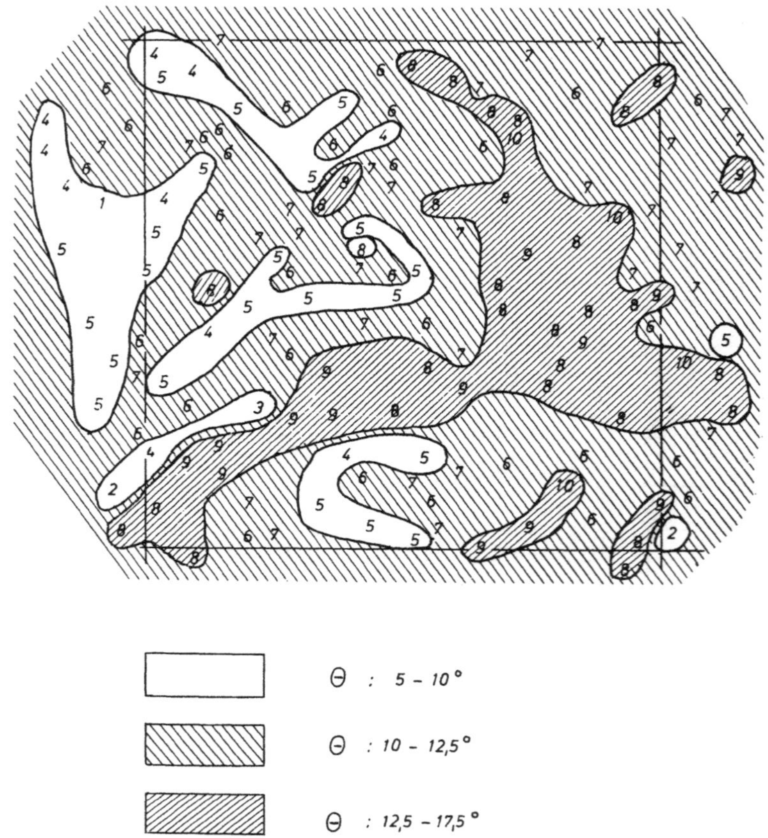

Abb. 22 Örtliche Benetzbarkeitsverteilung an Genotherm N gelbl.

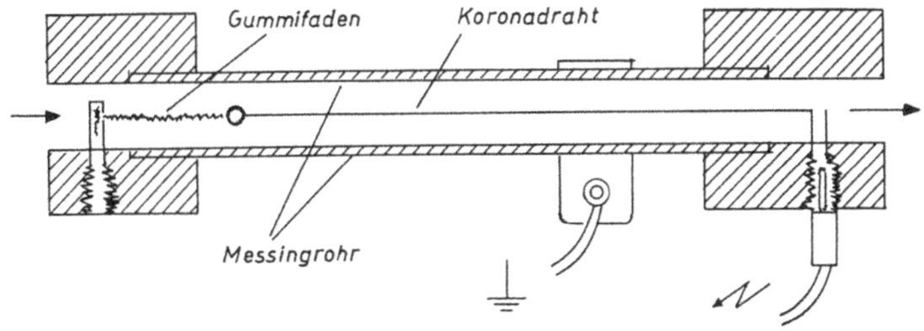

Abb. 23 Entladungsrohr

Abb. 24 Celluloseacetat-Folienoberfläche,
(ca. 5500fach vergrößert)

Abb. 25 Polystyrol-Folienoberfläche
(ca. 5500fach vergrößert, REM)

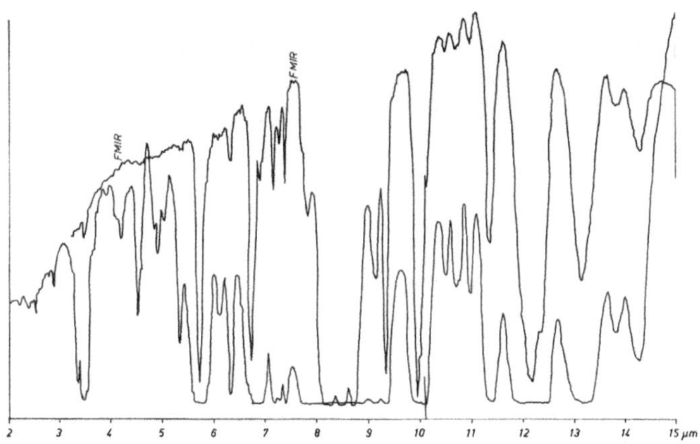

Abb. 26 IR-Spektrum einer Pokalonfolie

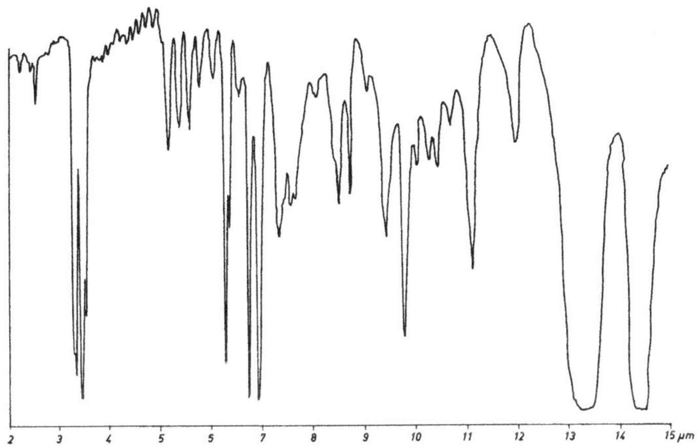

Abb. 27 IR-Spektrum einer Norflexfolie

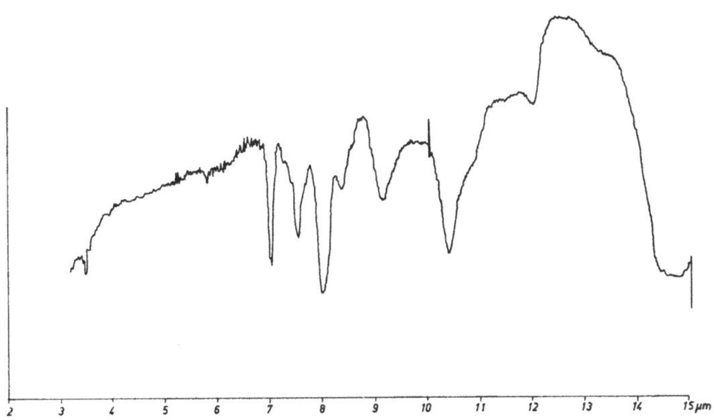

Abb. 28 IR-Spektrum einer Genotherm NZbl-Folie

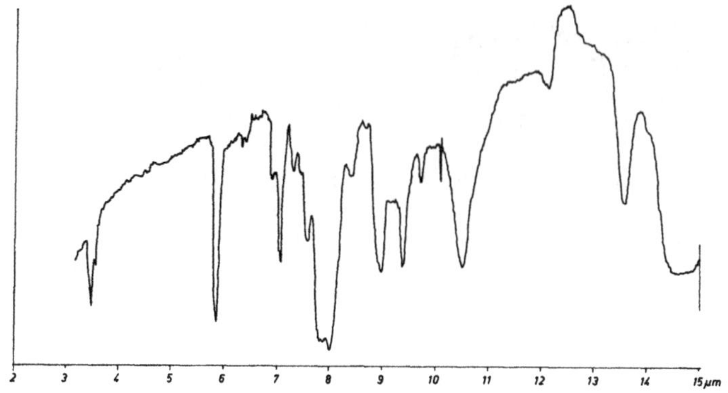

Abb. 29 IR-Spektrum einer Guttagerna T 33-Folie

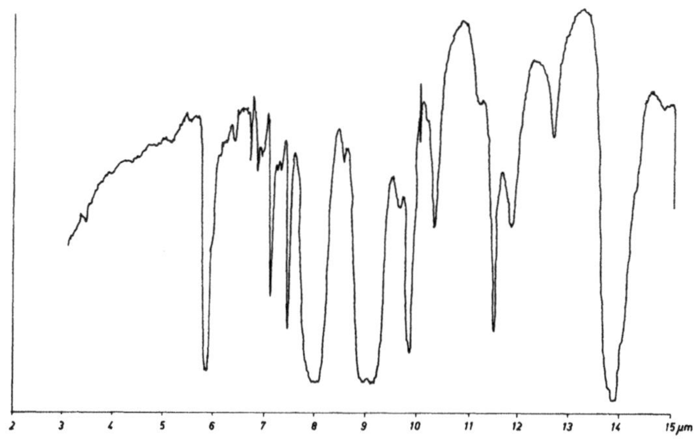

Abb. 30 IR-Spektrum einer Hostaphan R 50-Folie

Forschungsberichte des Landes Nordrhein-Westfalen

Herausgegeben im Auftrage des Ministerpräsidenten Heinz Kühn
vom Minister für Wissenschaft und Forschung Johannes Rau

Sachgruppenverzeichnis

Acetylen · Schweißtechnik
Acetylene · Welding gracitice
Acétylène · Technique du soudage
Acetileno · Técnica de la soldadura
Ацетилен и техника сварки

Arbeitswissenschaft
Labor science
Science du travail
Trabajo científico
Вопросы трудового процесса

Bau · Steine · Erden
Constructure · Construction material · Soilresearch
Construction · Matériaux de construction · Recherche souterraine
La construcción · Materiales de construcción · Reconocimiento del suelo
Строительство и строительные материалы

Bergbau
Mining
Exploitation des mines
Minería
Горное дело

Biologie
Biology
Biologie
Biologia
Биология

Chemie
Chemistry
Chimie
Quimica
Химия

Druck · Farbe · Papier · Photographie
Printing · Color · Paper · Photography
Imprimerie · Couleur · Papier · Photographie
Artes gráficas · Color · Papel · Fotografía
Типография · Краски · Бумага · Фотография

Eisenverarbeitende Industrie
Metal working industry
Industrie du fer
Industria del hierro
Металлообработывающая промышленность

Elektrotechnik · Optik
Electrotechnology · Optics
Electrotechnique · Optique
Electrotécnica · Optica
Электротехника и оптика

Energiewirtschaft
Power economy
Energie
Energía
Энергетическое хозяйство

Fahrzeugbau · Gasmotoren
Vehicle construction · Engines
Construction de véhicules · Moteurs
Construcción de vehículos · Motores
Производство транспортных средств

Fertigung
Fabrication
Fabrication
Fabricación
Производство

Funktechnik · Astronomie
Radio engineering · Astronomy
Radiotechnique · Astronomie
Radiotécnica · Astronomía
Радиотехника и астрономия

Gaswirtschaft

Gas economy
Gaz
Gas
Газовое хозяйство

Holzbearbeitung

Wood working
Travail du bois
Trabajo de la madera
Деревообработка

Hüttenwesen · Werkstoffkunde

Metallurgy · Materials research
Métallurgie · Matériaux
Metalurgia · Materiales
Металлургия и материаловедение

Kunststoffe

Plastics
Plastiques
Plásticos
Пластмассы

Luftfahrt · Flugwissenschaft

Aeronautics · Aviation
Aéronautique · Aviation
Aeronáutica · Aviación
Авиация

Luftreinhaltung

Air-cleaning
Purification de l'air
Purificación del aire
Очищение воздуха

Maschinenbau

Machinery
Construction mécanique
Construcción de máquinas
Машиностроительство

Mathematik

Mathematics
Mathématiques
Matemáticas
Математика

Medizin · Pharmakologie

Medicine · Pharmacology
Médecine · Pharmacologie
Medicina · Farmacología
Медицина и фармакология

NE-Metalle

Non-ferrous metal
Metal non ferreux
Metal no ferroso
Цветные металлы

Physik

Physics
Physique
Física
Физика

Rationalisierung

Rationalizing
Rationalisation
Racionalización
Рационализация

Schall · Ultraschall

Sound · Ultrasonics
Son · Ultra-son
Sonido · Ultrasónico
Звук и ультразвук

Schiffahrt

Navigation
Navigation
Navegación
Судоходство

Textilforschung

Textile research
Textiles
Textil
Вопросы текстильной промышленности

Turbinen

Turbines
Turbines
Turbinas
Турбины

Verkehr

Traffic
Trafic
Tráfico
Транспорт

Wirtschaftswissenschaften

Political economy
Economie politique
Ciencias económicas
Экономические науки

Einzelverzeichnis der Sachgruppen bitte anfordern

Springer Fachmedien Wiesbaden GmbH

GPSR Compliance

The European Union's (EU) General Product Safety Regulation (GPSR) is a set of rules that requires consumer products to be safe and our obligations to ensure this.

If you have any concerns about our products, you can contact us on ProductSafety@springernature.com

In case Publisher is established outside the EU, the EU authorized representative is:

Springer Nature Customer Service Center GmbH
Europaplatz 3
69115 Heidelberg, Germany

Batch number: 10627710

Printed by Printforce, the Netherlands